KB063550

이 퍼즐 정말
풀 수 있겠어?

이 퍼즐 정말 풀 수 있겠어?

ⓒ 박구연, 2019

초판 1쇄 인쇄일 2019년 12월 10일
초판 1쇄 발행일 2019년 12월 16일

지은이 박구연
펴낸이 김지영 **펴낸곳** 지브레인 Gbrain
제작·관리 김동영 **마케팅** 조명구

출판등록 2001년 7월 3일 제2005-000022호
주소 04021 서울시 마포구 월드컵로7길 88 2층
전화 (02)2648-7224 **팩스** (02)2654-7696

ISBN 978-89-5979-632-8(03410)

• 책값은 뒤표지에 있습니다.
• 잘못된 책은 교환해 드립니다.

표지 이미지 www.freepik.com / www.utoimage.com
본문 이미지 www.freepik.com

이 퍼즐 정말
풀 수
있겠어?

박구연 지음

지브레인

머리말

앞으로는 많은 시간을 필요로 하거나 복잡한 업무는 인공지능의 힘을 빌리게 될 것으로 예상된다. 인공지능의 발전은 지난 10여 년보다 차후 1년의 변화가 더 클 정도이다. 특히 정보통신산업과 바이오 기술, 금융 기술, 의료 영상진단 기술이 인공지능과 결합하면서 눈부신 발전을 이루고 있다.

그러나 우리가 상상하는 그 이상의 능력을 발휘하는 인공지능일지라도 할 수 없는 것이 있다. 그것은 시스템을 관리하고 고비고비마다 의사결정을 하는 능력이다. 세밀한 부분까지 처리할 수 있는 인공지능이지만 인간만이 처리하고 결정할 수 있는 부분도 항상 존재한다.

아무리 인공지능의 시대, AI의 시대라고 해도 우리는 우리 손으로 새롭게 발전하는 AI를 개발하는 만큼 더 많은 상상력과 사고력을 필요로 하는 것이다. 오히려 과거보다 이에 대한 필요성은 더욱 커지고 있다. 그리고 다양한 사고력을 키우는 데에는 퍼즐이 큰 도움이 된다고 한다. 퍼즐을 풀면서 잠자는 뇌세포를 깨워 여러분의 지혜를 발휘하기 바란다.

에릭 브리 뉴슨은 '성공의 중요한 요소는 지식과 창조력이다'라고 말한다. 지식과 창조력도 퍼즐을 접하면서 증진되는 능력 중 하나이다.

"그래도 퍼즐은 어려워"라고 처음부터 포기할 수도 있다. 그런데 퍼즐은 자신감 결여로 처음부터 지레짐작 겁내는 경우가 많다. 퍼즐은 즐기면서 푸는 문제이다. 따라서 가볍게 즐기며 풀어보자. 못 푸는 것은 다시 도전하며 추리력과 순발력을 키우기 바란다.

이 책에는 숫자들과 도형들의 조화를 이룬 퍼즐 문제들이 많다. 한글과 영문으로 규칙을 찾는 퍼즐도 있다. 퍼즐을 풀다 보면 수학과 공통점이 많다는 것을 알게 된다. 해결할 때 어느 정도의 논리적 과정이 필요하며 여러 알고리즘 과정을 거친다는 점 등이다. 혹시 복잡하다고 생각되는 문제가 있다면 연습장이나 책의 여백을 활용하여 푸는 것이 좋다.

여러분이 미처 접하지 못한 문제가 쉽게 또는 어렵게 해결되더라도 사고 및 탐색을 하는 과정에서 얻는 기쁨은 분명하다. 더불어 퍼즐 문제에 대한 막연한 편견도 떨쳐낼 수 있을 것이다.

두뇌의 활성화는 램프의 요정이 소원으로 들어주는 것이 아니라 여러분이 스스로 찾아서 키우는 것이다. 그리고 이 책은 두뇌 훈련에 많은 효과를 줄 것이다.

혹시 이 책 안의 답과는 다른 답이 나올 수도 있다. 여러분의 사고력이 다양성을 증명하는 것이니 마음껏 즐기자.

이제 퍼즐에 대한 호기심과 논리적 사고력을 발휘해 두뇌를 높은 수준으로 끌어올려보자.

2019년 12월 박구연

CONTENTS

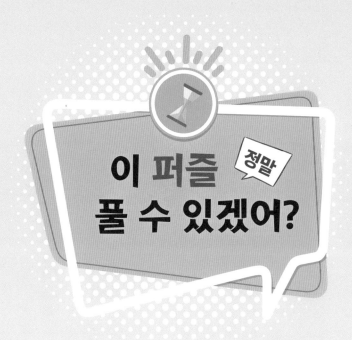

숫자의 규칙

숫자 사이의 규칙을 찾아 **?**에 알맞은 숫자를 구하
여라.

8 10 1 31 7?

답 110p

 좌변의 성냥만을 2번 움직여서 등식이 성립하도록 구성하여라.

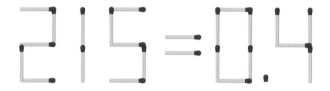

답 110p

시계의 시침과 분침 사이의 규칙을 파악해 **?**에 알맞은 숫자를 구하여라.

답 110 p

어지럽게 나열된 한글 속에서 속담을 찾아보아라.

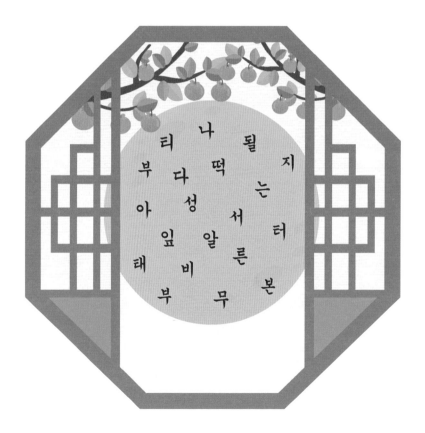

곡선 형태로 나열한 분홍색 구슬 12개의 수열의 규칙을 찾아 **?**에 알맞은 숫자를 구하여라.

답 110p

창문의 숫자 사이에서 규칙을 찾아 **?**에 알맞은 숫자를 구하여라.

답 110p

13

9조각으로 나눌 수 있는 초콜릿 3개가 있다. 이 초콜 릿은 5칸을 차지하는 숫자의 합과 4칸을 차지하는 숫 자의 합이 항상 같다. 이 규칙에 따라 세 번째 초콜릿에 들어갈 숫자를 구하여라.

답 111p

현진이와 용덕이는 14자릿수의 숫자를 보고 어떤 규칙을 찾아냈다. 그런데 용덕이가 그 규칙에 맞지 않는 것이 있다고 말했다. 그래서 현진이는 틀린 부분을 찾아 설명했다. 현진이가 찾아낸 오류는 무엇일까?

72246348184053

답 111p

아래 **?** 에 들어갈 알맞은 숫자를 써 넣어라.

답 111p

벌집에는 16개의 알파벳이 있다. Y로 시작하여 알파벳을 연결하면 하나의 문장을 완성할 수 있다. 완성하면 어떤 문장이 될까?(단 영문장을 완성할 때 불필요한 알파벳이 3개 있다).

$\overline{\text{GH}}$는 $\overline{\text{DH}}$의 중점이고, $\overline{\text{EH}}$는 $\overline{\text{BH}}$의 중점이다.
$\overline{\text{FH}}$는 $\overline{\text{CH}}$의 중점이고, 삼각형 GEF의 넓이가 12cm^2
일 때 사각형 ABCD의 넓이를 구하여라.

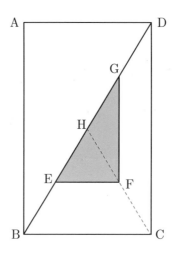

답 111 p

아래 부등식을 보고 **?**에 알맞은 숫자를 구하여라.

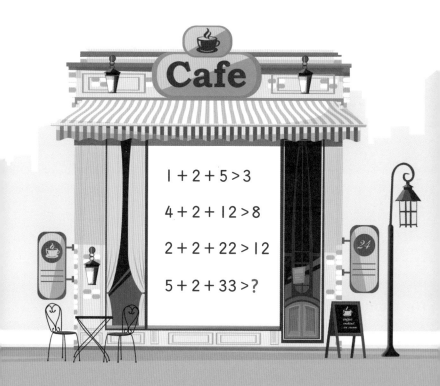

$$1 + 2 + 5 > 3$$

$$4 + 2 + 12 > 8$$

$$2 + 2 + 22 > 12$$

$$5 + 2 + 33 > ?$$

전광판 위 숫자들 사이의 규칙을 찾아서 **?**에 알맞은
숫자를 구하여라.

답 112 p

정면으로 입체도형 3개를 투사하면 어떤 그림자 모양
이 나올까? 직접 그려 보아라.

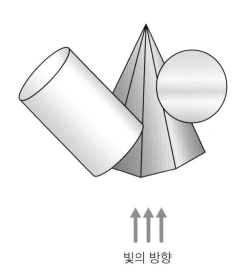

빛의 방향

눈 결정에 적힌 6개의 숫자의 규칙을 통해 **?**에 알맞은 숫자를 구하여라.

답 112 p

4개의 단어에 숫자를 부여했다. 그러면 뉴스에 알맞은 수는 무엇일까?

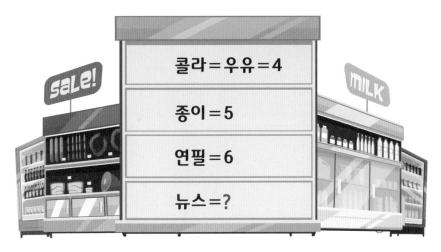

콜라＝우유＝4

종이＝5

연필＝6

뉴스＝?

답 112 p

? 에 와야 할 수는 무엇일까?

답 113p

인공위성의 전자판 숫자들 사이에서 규칙을 찾아 **?**에
알맞은 숫자를 구하여라.

답 113p

7마리의 오리가 있다. 오리마다 위에 적혀 있는 영문자와 숫자의 관계를 찾아 **?**에 알맞은 숫자를 구하여라.

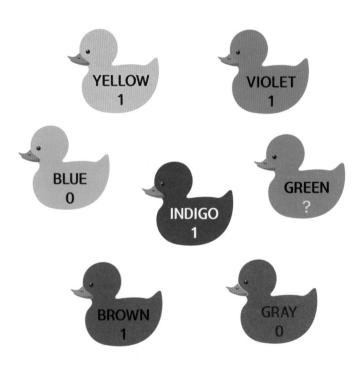

답 113p

아래의 도형을 다음 두 가지 조건에 따라 바르게 배열해 보아라.

조건

색을 번갈아 배열한다.

첫 번째와 두 번째 도형의 변의 개수를 더한 것은
네 번째 도형의 변의 개수와 같다.

지그재그 숫자

?에 알맞은 숫자를 구하여라.

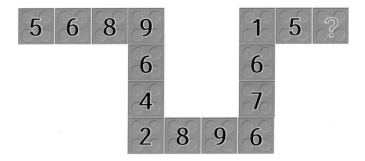

답 113p

펠리컨 4마리가 자유롭게 하늘을 훨훨 날고 있다.

? 안에 알맞은 숫자를 구하여라.

10명의 아이들 중에서 3명의 이야기는 거짓이고, 7명의 이야기는 참말을 했다. 아이들이 이야기하는 동물은 무엇일까?

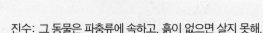

진수: 그 동물은 파충류에 속하고, 흙이 없으면 살지 못해.

성호: 앞발가락은 4개이고 뒷발가락은 5개래

경운: 변온동물이라 추위에 약하대.

성희: 선덕여왕 때는 이 동물의 울음소리로 적병의 침입을 알게 된 일화도 있대.

주희: 쥐라기 시대에 출현한 동물이라고 들었어. 어류가 진화했다는 의견도 있어.

희윤: 앞다리가 먼저 자라나는 동물이래. 그리고 눈이 회색이야.

건휘: 우리나라에서는 왕과 관련된 신화도 있어.

성훈: 비늘은 대부분 없어.

희경: 이빨도 있는 동물이야.

수현: 만화 캐릭터로도 유명해.

두 배열판 사이의 규칙을 찾아 **?** 에 알맞은 숫자를 구하여라.

블록에 쓰인 숫자들 사이의 규칙을 찾아 **?**를 구하
여라.

3	2	5	1
7	9	6	3
	5		5
2	3	2	?
8	1	7	7

답 114p

5가지 색으로 만든 롤케이크가 있다. 롤케이크의 위에 장식된 5개의 그림은 규칙에 따라 데코된 것이다. 그렇다면 **?** 에 알맞은 그림은 무엇일까? 오른쪽 보기에서 골라보아라.

보기

답 114p

아래 숫자들 중에서 관련 있는 숫자 5개를 연결하면 도형을 완성할 수 있다. 어떤 도형일까?

111 108 77 152

88 99 176

733 59 72

205 755

315 905 400

아래 숫자 5개와 연산기호를 2개 사용하여 연산결과
가 154인 등식을 만들어라.

0 1 2 3 4

띠그래프 사이의 규칙을 찾아 마지막 띠그래프의
| ? | ? | 2칸을 왼쪽부터 빨간색으로 칠하여 완성
하여라.

답 115 p

아래 3개의 단어를 '은하수'를 포함한 2개의 단어로
재구성하여라.

box lady nag

아래 정규분포 모양 안의 숫자를 보고 **?** 에 알맞은 숫자를 구하여라.

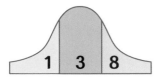

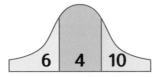

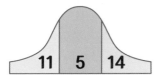

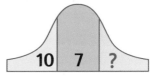

답 115 p

성질이 다른 수 하나는 무엇인가?

341 521 541

571 773 919

아래 배열판을 보고 **?**에 알맞은 숫자를 구하여라.

3	9	7
9	9	0
1	2	7

4	8	5
7	7	9
1	1	6

5	4	4
7	3	7
1	2	7

1	6	7
9	5	8
1	0	?

답 115p

카드와 숫자에는 어떤 규칙이 있다.
이 규칙을 찾아 **?**에 알맞은 숫자를 구하여라.

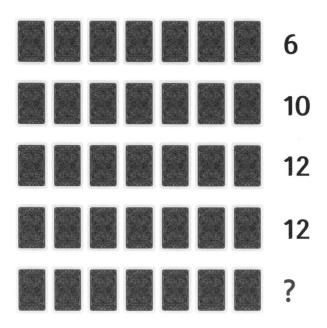

세 개의 불필요한 알파벳을 제외하고 남은 알파벳을
연결하면 문장을 완성할 수 있다. 어떤 문장일까?

답 116p

비행기의 창문에 적힌 숫자 사이의 규칙을 찾아 **?**에 알맞은 숫자를 구하여라.

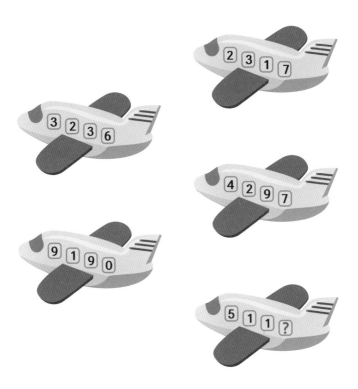

그림 속 삼각형의 개수는 총 몇 개일까?

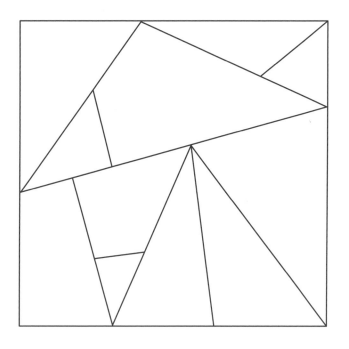

답 116p

아래 두 개의 단어를 뜻이 다른 두 개의 단어로 재구성해 보아라.

답 116p

창문 틀 안의 숫자들 사이에서 규칙을 찾아 **?**에 들어갈 숫자를 구하여라.

답 116p

아래 배열판 사이의 규칙을 찾아 **?**에 알맞은 숫자를 구하여라.

2	5	3
1	2	4
7	7	3

1	6	2
5	3	6
7	8	8

1	7	1
4	5	2
8	3	9

3	0	4
1	5	5
3	9	?

관사 1개와 동사 2개가 있다. 이 3개의 품사를 4차 산업을 떠올리는 단어로 만들어라. 1개의 형용사와 1개의 명사로 이루어진 단어이다.

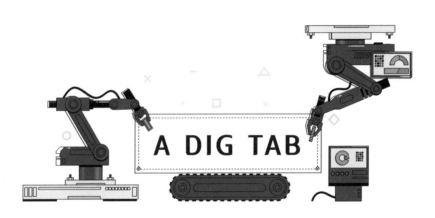

A DIG TAB

답 117p

프렌치프라이로 둘러싸인 도형의 규칙을 통해 **?**에 알맞은 숫자를 구하여라.

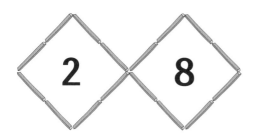 

답 117 p

아래 도형에는 모두 몇 개의 사각형이 있을까?

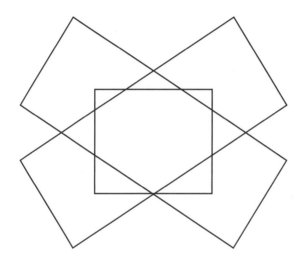

답 117 p

　노란색은 불빛이 들어오는 창문이고, 검은색은 커튼으로 닫아서 빛이 보이지 않는 창문이다. 규칙에 따라 불을 밝히는 창문이 정해진다면 5번째 그림의 창문 중 불빛이 들어와야 하는 창문은 어느 것일까?

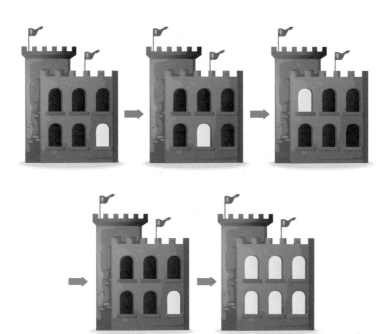

아래 도형에서 검은색 부분과 흰색 부분 중 면적이 더 넓은 부분은 무슨 색일까?

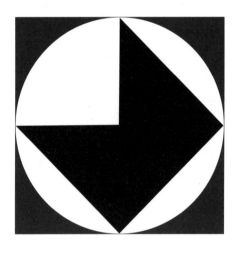

답 117 p

남자를 가리키는 숫자는 258이며, 그녀를 가리키는 숫자는 761이다. 마방진의 규칙을 이용해 거짓말이 가리키는 숫자를 구하여라.

아래 조각의 색 사이에 있는 규칙을 찾아 마지막에
들어갈 부분의 색을 칠해 보아라.

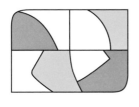
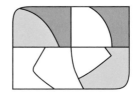

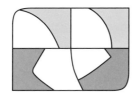
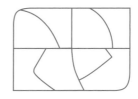

답 118p

post의 알파벳 순서를 바꾸어 다른 뜻의 단어를 3개 만들어 보아라.

049 달력위의 표시

아래 달력에서 관계가 없는 네모 칸 하나를 찾아보아라.

Sun	Mon	Tue	Wed	Thu	Fri	Sat
				1	2	3
4	5	6	7	8	9	10
11	12	13	14	15	16	17
18	19	20	21	22	23	24
25	26	27	28	29	30	

답 118p

아래 그림 문자에서 노란색 D는 중복된 부분이다. 중복된 부분을 포함해 모두 분리하여 알파벳으로 나열하면 네 글자의 과거형 단어가 된다. 무엇일까?

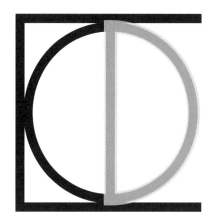

답 118p

아래 그림에서 어느 한 부분을 중심으로 대칭이 되도록 정사각형 하나를 그려보아라.

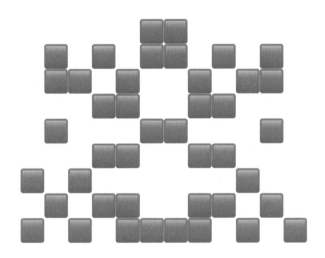

답 118p

넌센스 문제다. 마지막 **?** 에 알맞은 한글은 무엇일까?(힌트: 한자성어)

House Happy 10000 4 ?

답 118 p

정사각형과 그 안에 그려진 선분과 숫자 사이의 규칙을 찾아 맨 마지막 도형에 알맞은 숫자를 구하여라.

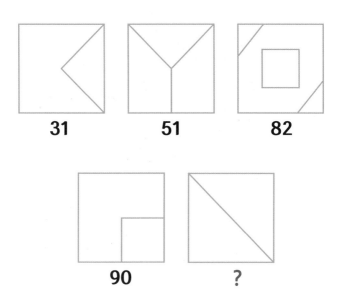

답 119.p

안테나의 변화를 통해 **?** 에 알맞은 모양을 완성하여라.

빨간색과 노란색, 주황색으로 된 띠가 있다. 그리고 그 안에는 어떠한 규칙에 의해 두 개의 글자가 합쳐져 있다. 두 글자를 읽어보아라.

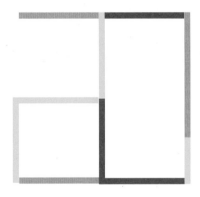

답 119p

at glove를 한 단어로 재구성하여라.

답 119 p

아래 그림을 보고 마지막 **?** 에 들어갈 그림을 완성하
여라.

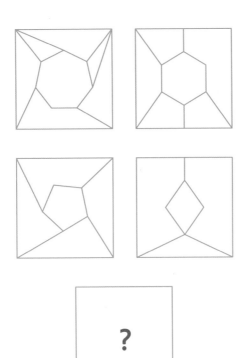

답 119 p

공들이 오는 순서 사이의 규칙을 찾아 아래 **?**에 알맞은 공의 이름을 맞추어 보아라.

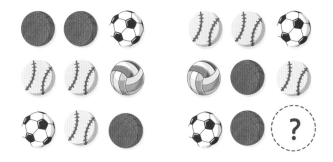

맨 아래 2칸에는 도넛이 몇 개 들어가는지 그려보아라.

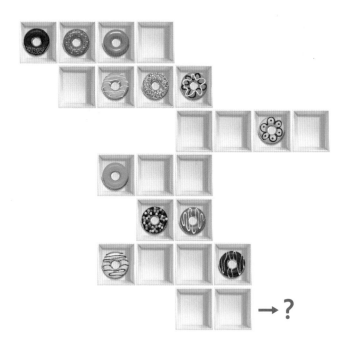

답 120 p

?에 와야 할 알맞은 색을 맞추어 보아라.

답 120 p

암호를 해독하여 세 번째 그림에 들어갈 알맞은 그림
을 채워 넣어라.

OFX NPPO   GVMM NPPO   EBSL NPPO

답 120 p

이 꽃집에서는 지금 팔고 있는 꽃의 이름들을 영어로 적어놓는다. 각각의 꽃 이름에는 번호를 부여했는데 어떤 규칙이 적용된 것일까? **?**에 알맞은 숫자를 구하여라.

tulip 325

rose 224

marigold 538

pansy 325

cactus 426

daisy **?**

답 120p

아래 성냥개비가 보여주는 등식은 1＋1＝000으로 틀린 등식이다. 그런데 성냥개비 2개를 각각 한 번씩 옮기면 참인 등식이 된다. 바른 등식을 만들어 보아라.

답 121 p

?에 와야 할 알맞은 숫자를 구하여라.

3	8	4	2
5	4	0	2
6	2	2	1
5	3	?	1

답 121 p

기이한 벌집

　다음 4개의 벌집은 기존 벌집과는 다른 형태를 하고 있다. 또한 벌집 안의 숫자도 특이한 규칙을 따른다. **?**에 알맞은 숫자를 구하여라.

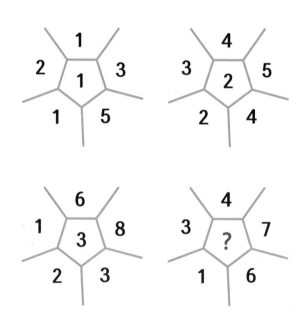

답 121p

선물상자와 고깔의 숫자를 보고 **?**에 알맞은 숫자를
구하여라.

답 121 p

8개의 칸에 있는 그림을 보고 **?**에 알맞은 그림을 한 글로 답하여라.

답 121p

아래 도형은 다양한 다각형으로 구성되어 있다. 규칙을 찾아 **?**에 알맞은 숫자를 구하여라.

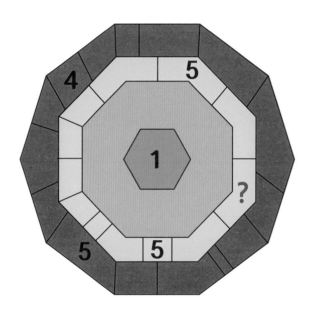

2개의 단어는 모두 형용사이다. 각각의 단어에서 알파벳 위치를 바꾸어 2개의 명사로 만들어 보아라.

답 122 p

4가지 문양이 한 세트로 구성된 타일로 벽을 꾸미려고 한다. 그런데 타일의 문양이 잘못 새겨진 부분이 있다. 어느 부분인지 찾아라.

답 122p

와플 속 숫자들 사이에 존재하는 규칙을 찾아 A, B를
구하여라.

답 122 p

아래 수열 사이의 규칙을 찾아내 문제를 풀면 드라큘라의 성에 초대받을 수 있다. 드라큘라의 초대를 받고 싶다면 문제를 풀어보자.

12 91 30 1 31 13 ?

사원의 숫자는 어떤 수열을 이루고 있다. **?**에 알맞은 숫자를 구하여라.

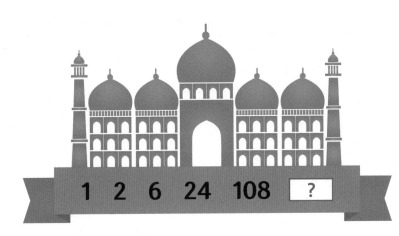

1 2 6 24 108 ?

답 123 p

다음 동물들 사이에는 공통점이 있다. 그 공통점을 찾으면 5개의 과일 중 2개의 과일과의 공통점도 찾을 수 있다. 같은 공통점을 가진 과일은 무엇일까?

답 123 p

궤도의 운석

 궤도를 따라 여러 개의 운석이 공전 중이다. 이 운석의 숫자들 사이에서 규칙을 찾아 **?**에 알맞은 숫자를 구하여라.

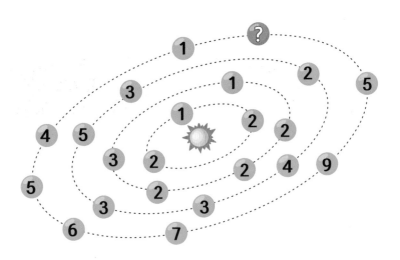

답 123 p

?에 와야 할 알맞은 숫자를 구하여라.

4층으로 쌓인 큐브가 있다. 숫자들 사이의 규칙을 찾아 **?** 에 와야 할 숫자를 구하여라.

답 123 p

다음 등식은 결과값이 거짓이다. 올바른 등식으로 재
조합하여라.

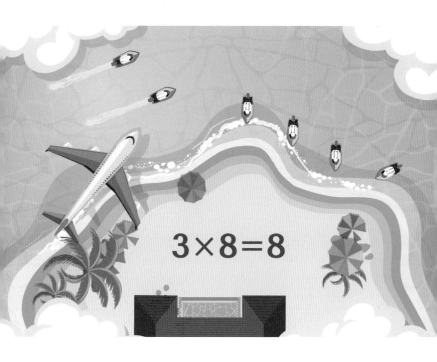

$$3 \times 8 = 8$$

답 124p

아래 그림과의 관계를 보고 **?**에 알맞은 그림을 오른쪽 보기에서 찾아보아라.

답 124p

보기

①

②

③

④

⑤

다른 그림 하나를 찾아라.

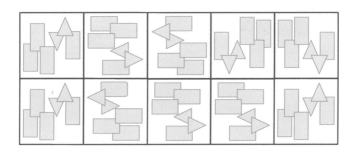

답 124p

아래 5개의 한자 중 4개는 공통점이 있지만 1개의 한자는 공통점이 없다. 그 한자를 찾아보아라(수학적으로생각해야한다).

酒 院 螳 換 懷

답 124p

고양이를 피해 배열판을 크기와 모양이 같은 15개의 조각으로 나누어 보아라.

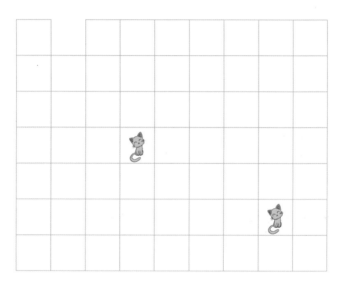

답 124 p

두 배열판을 비교해 규칙을 찾아내어 **?**에 와야 할 알맞은 숫자를 구하여라.

다음 6개의 국기는 구분되는 기준이 있다. 그 기준에
따라 다른 국기 하나를 골라보아라.

부룬디

콩고

말레이시아

몰디브

트리니다드 토바고

대만

답 125p

알파벳과 숫자와의 관계를 파악한 후 Z에 와야 할 숫자를 구하여라.

T = 0
X = 0
N = 1
H = 2
Z = ?

답 125 p

빈 칸에 알맞은 괘를 완성해 보아라.

답 125p

거북 등껍질에는 규칙이 있다. 규칙에 따라 **?**에 알맞은 숫자를 구하면 무엇일까?

1082
124**?**
1578
1697
1789

규칙을 찾아 궤도 안쪽을 색칠하여 보아라.

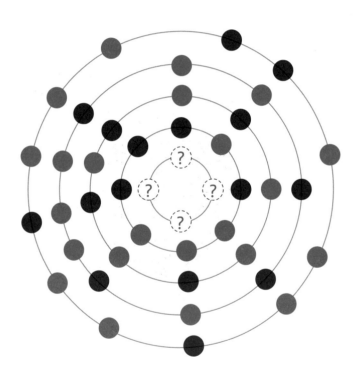

답 126 p

다음 수열을 보고 **?** 에 알맞은 두 자릿수의 자연숫자를 구하여라.

39
58
68
78
79
98
?

090 신기한 수열

아래 수열은 신기한 수학적 법칙에 따라 나열한 수이다. **?**에 알맞은 숫자를 구하여라.

노란 오리가 뒤뚱거리며 걷고 있다. 오리 아래에 있는
3개의 영단어를 재조합하여 하나의 단어로 만들어라.
완성한 영단어는 여러분이 가끔은 필요로 하는 것이다.

답 126 p

사원증에는 이름과 숫자가 규칙에 따라 적혀 있다.

그렇다면 Edward에 와야 할 알맞은 숫자는 무엇일까?

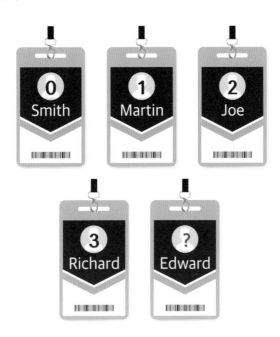

답 126 p

악보 위에는 영단어와 숫자가 있다. 규칙을 찾아 **?** 에 알맞은 숫자를 구하여라.

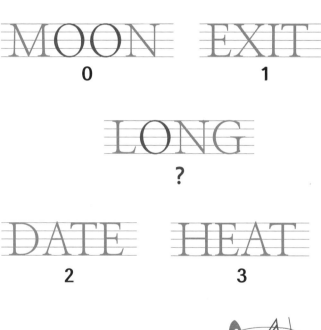

아래 단어에서 규칙을 찾아 **?** 이 무엇인지 구하여라.

abroad — 0

ice cream — 1

stöpfel — 2

jillion — 3

weitling — ?

WANTED

성냥개비를 두 번 움직여 참인 수식을 만들어 보아라.

답 127 p

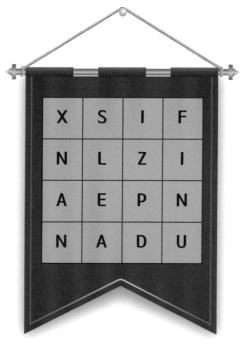

096 알파벳으로 국가명 만들기

아래 배열판에서 알파벳을 1번씩 사용하여 조합하면
두 개의 국가명이 만들어진다. 이때 4개의 알파벳은 필
요 없다. 두 국가명은 무엇인가?

X	S	I	F
N	L	Z	I
A	E	P	N
N	A	D	U

답 127p

5개의 보기 중에서 특성이 다른 도형 하나를 찾아보
아라.

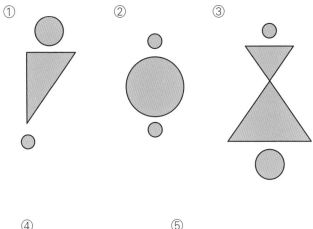

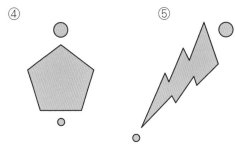

벌들이 가리키는 숫자들 사이의 규칙을 찾아 **?** 에 알맞은 숫자를 구하여라.

답 127 p

거울에 달린 전구에서 **?** 에 들어갈 숫자를 구하여라.

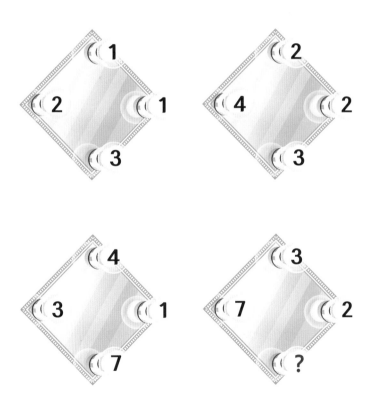

답 128 p

100 구슬 속의 글자

구슬이 7개씩 쌓여 있다. 구슬 안 숫자의 규칙을 찾아 마지막 4번째 구슬에 와야 할 숫자 **?** 를 구하여라.

답 128p

풀이 및 답

1

풀이

숫자를 아래와 같이 다시 배열한다.

8 10 13 17 **?**

8과 10의 차는 2이며 그 다음은 3, 그 다음은 4이다.
따라서 **?**에 알맞은 숫자는 차가 5이므로 22가 되는데, 한 자릿수만 가능하므로 숫자 2를 넣는다.

답 2

2

답

3

풀이

첫 번째 그림은 4시 55분이다. 시침의 4와 분침이 가리키는 11은 숫자 부분이므로 4+11=15이다. 문제에서 10시 15분이므로 10+3=13이다.

답 13

4

답 될성부른 나무는 떡잎부터 알아본다.

5

풀이

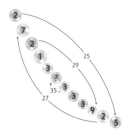

그림의 화살표처럼 25, 27, 29, 31, 33, 35로 나열할 수 있는 공차가 2인 등차수열이다. 따라서 **?**=5이다.

답 5

6

풀이

1	2	3
4	2	2
2	2	2

초록색 부분과 흰색 부분의 합은 항상 10이다.
따라서 문제에서 2 +4 +1 +3 = 2+1+4+1+**?**에서 **?**=2.

답 2

7

노란색으로 칠해진 5칸의 숫자의 합과 갈색으로 칠해진 숫자의 합은 같다.

첫 번째 초콜릿은 숫자의 합이 15, 두 번째는 20, 세 번째는 21이다.

문제에서는 $1.5+3.5+5+?+3=7+4+7.5+2.5$이므로 $13+?=21$에서 $?=8$.

답 8

8

풀이

숫자 2개를 한 마디씩 끊으면 $72-24-63-48-18-40-53$이다.

9의 배수−8의 배수−9의 배수−8의 배수−…이므로, 40은 8의 배수이고, 다음 수는 9의 배수가 나와야 한다. 그런데 53은 9의 배수가 아니다. 따라서 오류이다.

답 현진이는 마지막 두 자릿수는 9의 배수가 와야 하지만 53는 9의 배수가 아니므로 틀렸다고 설명했다.

9

풀이

$2\times18=36$

$3\times12=36$

$4\times9=36$

$5\times?=36$

$6\times6=36$

그림처럼 두 숫자를 곱한 것은 항상 36이다. 따라서 $5\times?=36$, $?=7.2$.

답 7.2

10

풀이

알파벳 S, X, Z는 빼고 Y로 시작하여 화살표 방향으로 알파벳을 연결하여 문장을 완성한다.

답 YOU LAUGH OFTEN.

11

풀이

삼각형 GEF의 넓이는 사각형 ABCD의 $\frac{1}{8}$이다.

따라서 12×8＝96(㎠)가 된다.

답 96(㎠)

12

풀이

부등호의 좌변에서 첫째 숫자와 셋째 숫
자를 가운데 숫자인 2로 나누면 우변의
숫자가 된다. $\frac{5+33}{2}=\frac{38}{2}=19$이므로
?＝19.

답 19

13

풀이

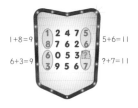

그림처럼 1행과 2행의 숫자의 합과 3행
과 4행의 숫자의 합이 항상 같다.
따라서 5＋6＝**?**＋7에서 **?**＝4.

답 4

14

답

15

풀이

빨간 선분과 파란 선분이 닿는 숫자들 3
개를 연결해서 더하면 합이 10이다. 두
번째와 세 번째 그림은 연결해서 더한 합
이 각각 8과 11이다.
문제에서는 합이 9가 되므로 1＋2＋**?**
＝9에서 **?**＝6.

답 6

16

풀이

콜라와 우유의 영단어는 각각 cola, milk
다. 단어의 철자 개수가 4개이므로 4가
되는 것이다. 종이는 paper로 5개이며,
연필은 pencil로 6개이다. 따라서 뉴스
는 news이므로 4이다.

답 4

17

백의 자릿수는 년의 단위에 맞는 숫자이며, 십의 자릿수와 일의 자릿수는 개월을 나타내는 단위에 맞는 숫자가 된다. 3년은 36개월이며, 2년에 12개월을 더하여 나타낼 수 있다. 또한 1년 24개월로도 나타낼 수 있다.

036은 36개월을, 124는 1년 24개월을, 212는 2년 12개월을, 300은 3년 0개월인 3년이므로 빈 칸에 알맞은 숫자는 0이다.

답 0

18

①+②+③의 결과값=①④가 되는 규칙이다. 따라서 문제에서 1+5+**?**=12에서 **?**=6.

답 6

19

영어 아래쪽의 숫자는 철자 O의 개수이

다. 따라서 **?**는 0이다.

답 0

20

답

또는

21

세 칸이 차지하는 숫자의 합은 항상 19이다.

따라서 1+5+**?**=19에서 **?**=13.

답 13

22

첫 번째 그림에서 펠리컨 안의 숫자 1, 3, 4 사이에는 $(3-1)^2=4$의 규

칙이 성립한다. 두 번째 그림에서는
$(6-5)^2=1$이다.
따라서 문제에서 $(5-8)^2=9$이므로
?$=9$.

답 9

23

풀이

개구리는 양서류이고, 뒷다리가 먼저 나온
다. 또한 피부호흡을 하므로 비늘이 없다.
따라서 진수, 희윤, 성훈은 개구리에 대
해 거짓말을 했고 나머지 7명의 아이들
은 참말을 했다.

답 개구리

24

풀이

두 배열판의 1행 1열의 숫자는 각각 3과
8이며, 두 수의 곱은 24이다.
1행 2열 역시 두 수의 곱이 24이다.
따라서 문제에서 $2 \times$ **?** $=24$에서 **?** $=12$.

답 12

25

풀이

열을 기준으로 위부터 아래까지 숫자를
모두 더하면 20이 된다.

따라서 $1+3+5+$**?**$+7=20$에서 **?**$=4$.

답 4

26

풀이

케이크 안의 흰색은 영어로 white이며,
wind는 바람을 뜻하므로, 선풍기 그림으
로 표현한다. 핑크색은 영어로 pink이며,
파인애플은 영어로 pineapple이다. 따
라서 색의 영어 이니셜과 그림의 명사 이
니셜이 같은 것을 찾으면 된다.
노란색은 yellow이므로 요트(yacht), 빨
간색은 red이므로 장미(rose)이다. 따라
서 초록색은 green이므로 ④번의 인삼
(ginseng)이 적합하다.

답 ④

27

풀이

111 108 77 152

88 99 176

733 59 72

205 755

315 905 400

5의 배수 5개를 연결하면 사다리꼴이
된다.

답 사다리꼴

114

28

답 $120 + 34 = 154$

29

풀이

첫 번째 띠그래프를 보면 3칸은 초록색, 2칸은 흰색이다. 이것은 $\frac{2}{3}$를 의미한다. 그 다음 초록색이 3칸, 흰색이 1칸이므로 $\frac{1}{3}$이다. 그리고 마지막 빨간색 1칸은 1을 의미한다. 따라서 나타나는 식은 $\frac{2}{3} + \frac{1}{3} = 1$이다.

두 번째 띠그래프는 $\frac{1}{2} + \frac{3}{2} = 2$를 나타낸다.

문제에서 $\frac{1}{3} + \frac{2}{2} = 1\frac{1}{3}$ 이므로 1칸을 칠하고 나머지 1칸을 3칸으로 잘게 나누어 1칸만 차지하도록 그린다.

답

30

답 galaxy bond

31

풀이

$②×② = ① + ③$의 규칙이다.
따라서 $7 × 7 = 10 +$ **?** 에서 **?** $= 39$.

답 39

32

풀이

341은 11로 나누어지므로 합성수이다. 나머지 5개의 숫자는 소수이다.

답 341

33

풀이

3	9	7
9	9	0
1	2	7

왼쪽 맨 위에 있는 배열판에서 노란색 부분을 위에서 아래로 계산하면 $3 + 9 = 12$인 것을 알 수 있다.

같은 방법으로 흰색 부분을 계산하면 $97 - 90 = 7$이다.

따라서 문제에 적용하면 $67 - 58 =$ **?** 에서 **?** $= 9$이다.

답 9

34

풀이

1행의 숫자는 7개의 카드를 1, 6으로 나누어 생각하여 $1 \times 6 = 6$으로 계산한다. 2행의 숫자는 7개의 카드를 2개와 5개로 나누어서 $2 \times 5 = 10$으로 계산한다. 3행도 마찬가지로 3개와 4개로 나누어 계산한다. 따라서 $3 \times 4 = 12$이다. 네 번째 행의 문제의 숫자는 $4 \times 3 = 12$이다. 이와 같은 규칙을 마지막 줄의 카드에 적용하면 $5 \times 2 = 10$이므로 **?** = 10이다.

답 10

35

풀이

답 LOOK AT THE PRETTY FLOWERS.

36

풀이

맨 위의 비행기에서 2, 3, 1, 7을 보자. $2^3 - 1 = 7$의 규칙이다. 따라서 문제에서 $5^1 - 1 = $**?**에서 **?** = 4.

답 4

37

풀이

1칸짜리 삼각형은 8개, 2칸짜리 삼각형은 4개이다. 따라서 모두 12개이다.

답 12개

38

답 queen, secant

39

풀이

①	②
③	④

①×④=②+③의 규칙이다.
따라서 $4 \times 5 = 9 + $**?**에서 **?** = 11.

답 11

40

풀이

①	②	④
⑦	⑧	⑤
③	⑥	⑨

①+②=③,
④+⑤=⑥,
⑦+⑧=⑨의 규칙이다.

따라서 문제에서 $1 + 5 = 6$.

답 6

41

답 BIG DATA

42

풀이

'둘러싸인 프렌치프라이의 개수＝도형 안의 숫자끼리의 곱'의 규칙이다.
따라서 빈 칸에 알맞은 숫자는 $10 = 2 \times ?$에서 **?**$=5$.

답 5

43

풀이

가운데 사각형을 빼내면 사각형의 개수를 쉽게 셀 수 있다. 1칸짜리 6개, 2칸짜리 4개, 3칸짜리 2개이므로 모두 12개이다.

답 12

44

풀이

불빛은 시계방향으로 1칸, 2칸, 3탄, 4칸 이동하므로 왼쪽처럼 된다.

답

45

풀이

정사각형의 한 변의 길이를 2로 가정했을 때 안에 있는 원의 반지름의 길이는 1이다.

검은색 부분의 넓이

＝정사각형의 넓이－원의 넓이＋3개의 직각삼각형의 넓이

$$= 4 - \pi + \frac{1}{2} \times 3 = \frac{11}{2} - \pi \fallingdotseq 2.36$$

흰색 부분의 넓이

＝정사각형의 넓이－검은색 부분의 넓이

$$= 4 - 2.36 \fallingdotseq 1.64$$

따라서 검은색 부분이 더 넓다.

답 검은색

46

풀이

남자는 영어로 MAN이므로 각각 알파벳에 맞는 숫자 258을 놓고, 그녀는 HER이므로 761로 놓는다. 그러면 가로의 숫자의 합은 $2 + 7 + 6 = 15$이므로 가로, 세로의 합이 15가 되게 하면 된다. 완성된 마방진은 다음 같다.

따라서 거짓말 LIE는 943이다.

답 943

47

풀이

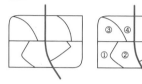

조각을 크게 두 부분으로 나누어 생각하면 조각의 색이 이동하는 순서는
①⇨②⇨③⇨④⇨①⇨②⇨ ⋯ ,
⑤⇨⑥⇨⑤⇨⑥⇨ ⋯ 이다.

답
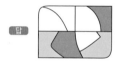

48

풀이

stop(멈추다), tops(최고의), spot(점)의 단어가 만들어진다.

답 stop, tops, spot

49

풀이

각 자릿수의 합이 7이 되는 규칙을 알면 된다. 네모 칸 안의 숫자들을 살펴보면 1과 2를 제외한 나머지는 각 자릿수의 숫자를 모두 더하면 7이다.

답 맨 위의 1과 2

50

답 TOLD

51

답
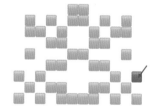

52

풀이

'가화만사성'이라는 한자성어를 생각하면 된다. 따라서 마지막 **?** 에는 '성'이 적합하다.

답 성

53

풀이

직각의 개수는 십의 자릿수에, 삼각형의 개수는 일의 자릿수에 쓰는 규칙이다.
따라서 문제의 마지막 도형은 직각이 2개이고, 삼각형이 2개이므로 22이다.

답 22

54

풀이

오른쪽으로 1칸씩 이동　왼쪽으로 2칸씩 이동

답

55

풀이

아래 두 글자가 겹쳐진 것이다.

답

56

답 voltage

57

풀이

가운데 도형의 변의 개수와 주위에 분할된 공간은 1개 차이이다. 4번째 그림에서 사각형의 변의 개수는 4개이고, 분할된 공간이 3개이므로, 다음 그림에서는 삼각형 1개와 분할된 공간 2개면 된다.
따라서 적합한 답의 한 예를 들면 다음과 같다.

답

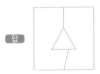

58

풀이

농구공을 1, 야구공을 2, 배구공을 3, 축구공을 4로 하면, 대각선의 합은 항상 4이다.

문제에서 2+1+**?**=4이므로 **?**=1.
따라서 농구공이다.

답 농구공

59

맨 위부터 보면 서로 맞닿는 칸의 개수
만큼 도넛이 들어간다. 따라서 맨 아래는
두 칸이 맞닿으므로 2개가 적합하다.

답

60

파티 깃발을 그림처럼 나누어 보자. 처음
에 가운데 빨간색 깃발을 1개 놓고 양 옆
에 노란색 깃발을 1개씩 놓는다. 계속해
서 빨간 깃발을 2개 놓고 양 옆에 노란
깃발을 1개씩 놓는다. 이와 같은 규칙을
적용하면 **?**에 알맞은 색은 빨간색이다.

답 빨간색

61

풀이

알파벳에서 3개의 알파벳 OFX의 바로
앞 철자는 NEW이다. NPPO의 바로 앞
철자는 MOON이다. 이것으로 보아 달의
상태에 따른 영어명인 것을 알 수 있다.
두 번째 그림은 FULL MOON이다.
그러면 문제에서 EBSL의 앞철자는
DARK이다. DARK MOON은 그믐달
이므로 초승달의 반대 방향으로 칠하면
된다.

답

62

풀이

꽃 이름의 자음의 숫자를 백의 자릿수에,
모음의 숫자를 십의 자릿수에, '자음의
수+모음의 수'를 일의 자릿수에 표기한
것이다.
daisy에서 자음의 수는 2개, 모음의 수
는 3개이다. 그리고 자음과 모음의 숫자
를 더한 것은 5이다.
따라서 235이다.

답 235

63

(풀이)

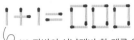

(1) 좌변의 성냥개비 한 개를 옮겨 일 천 (千)자를 만든다.

(2) 좌변의 성냥개비 한 개를 우변으로 옮겨 천의 자릿수 1을 만든다.

(3) 千 = 1000이라는 식을 완성했다.

(답)

64

(풀이)

①	②	③	④
①	②	③	④
①	②	③	④
①	②	③	④

①×②＝④③의 규칙이다.

문제에서 5×3＝15이므로 **?**＝5이다. 십의 자릿수와 일의 자릿수만 바뀐 것 이다.

(답) 5

65

(풀이)

(①+②+③)÷(④+⑤)＝⑥의 규칙이다.

따라서 문제에서 (3+4+7)÷(1+6) ＝14÷7＝**?**에서 **?**＝2.

(답) 2

66

(풀이)

선물 상자에 있는 숫자 4개를 모두 더하 면 계산값이 두 자릿수가 된다. 여기에서 십의 자릿수와 일의 자릿수를 서로 바꾸 면 고깔의 숫자이다.

따라서 8+9+**?**+25＝62에서 **?**＝20.

(답) 20

67

(풀이)

배열판의 그림들을 한글로 나타내면 다 음과 같다.

눈　　사람　눈사람

물　　개　　물개

솜　　사탕　　?

제1행의 '눈＋사람＝눈사람'이고,
제2행의 '물＋개＝물개'이다.
따라서 3행은 '솜＋사탕＝솜사탕'이다.

답 솜사탕

68

풀이

다각형 칸 안의 숫자는 주변에 인접한 다
각형의 개수이다.
따라서 **?** 는 6이다.

답 6

69

풀이

cool → loco, feal → leaf

답 loco, leaf

70

풀이

전체 문양은 동일한 문양 조각 9개를 회
전하여 구성했다. 가운데 문양 4조각은
180° 뒤집으면 나타나는데, 한 가운데
세트의 첫 번째 문양이 다르다.

답

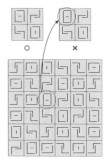

71

풀이

같은 분수에서 대분숫
자를 가분수로 나타낸
것이다.

$$① \frac{②}{③} = \frac{④}{⑤}$$

따라서 문제에서 $3\frac{1}{5} = \frac{16}{5}$ 이므로

A＝16, B＝5.

답 A＝16, B＝5

72

풀이

12 91 30 │ 1 31 13 ?

간격을 나누면 129, 130, 131, 132가
되는 것을 한 눈에 알 수 있다.
따라서 **?** 에 알맞은 숫자는 2이다.

답 2

73

1, 2, 6을 보자. 2에서 1을 뺀 후 6을 곱
하면 6이 된다. 2, 6, 24는 6에서 2를
뺀 후 6을 곱하면 24가 된다.
따라서 108에서 24를 뺀 후 6을 곱하면
?에 알맞은 숫자는 504이다.

답 504

74

토끼, 호랑이, 사슴, 곰은 영어로 각각
rabbit, tiger, deer, bear이다. 이 단어
들은 공통적으로 철자 r을 포함한다. 따
라서 보기의 단어에서 포도(grape), 브로
콜리(broccoli)가 영어 철자 r을 포함하므
로 답이 된다.

답 ③, ⑤

75

맨 안쪽 궤도의 세 개의 운석의 합은
1+2+2=5, 그 밖의 운석의 합은 순서
대로 10, 20이다. 2배씩 커지는 규칙을
발견할 수 있다.
따라서 가장 바깥쪽 운석의 합은 40
이어야 하므로 1+**?**+5+9+7+
6+5+4=40에서 **?**=3.

답 3

76

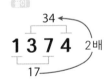

첫 번째 네 자릿수에서 천의 자릿수 1과
십의 자릿수 7을 조합하면 17이며, 이에
2배를 하면 백의 자릿수 3과 일의 자릿
수 4가 조합된 34가 된다. 이는 모두 적
용되며 이를 문제에도 적용시키면 47의
2배는 94이므로 ?에 알맞은 숫자는 4
이다.

답 4

77

맨 윗층의 2, 1, 6, 8을 보면 2×8=16
의 규칙이 성립됨을 알 수 있다. 맨 앞의
숫자와 마지막의 숫자의 곱은 가운데 두
수가 되는 것이다.
따라서 4×9=36이므로 **?**=6.

답 6

78

8을 오른쪽으로 90도 회전하여 눕혀서 나타내면 무한대 기호인 ∞이 된다. 그리고 8을 가로로 2등분하여 잘라내어 나눈다면 0이 두 개가 된다.
따라서 3×∞=∞ 또는 300×0=0으로 나타낼 수 있다.

답 3×∞=∞ 또는
300×0=0

79

새를 놓아주는 그림은 Let을 의미한다. Let을 거꾸로 읽으면 Tel로, 오른쪽 그림처럼 전화번호를 의미한다. 두 번째 그림은 10이므로 Ten이다. 거꾸로 읽으면 오른쪽 그물의 영어명인 Net이다. 시계는 Time의 상징이므로 거꾸로 읽으면 emit이며 '내뿜다'란 뜻을 가지고 있다.
따라서 ⑤번의 굴뚝 그림이 해당된다.

답 ⑤

80

두 가지의 그림으로 구성되었다. 왼쪽 그림은 9개, 오른쪽 그림은 1개이다. 오른쪽 그림은 파란 타원으로 표시한 것처럼 사각형 모서리의 한 부분만 뭉툭하다.

답

81

酒 院 蟶 換 懷

한자 속의 무리수 모양의 획을 가진 π를 찾으면 된다. 마지막 懷에서는 π를 찾을 수 없다.

답 懷

82

답은 여러 가지이다. 그중 하나는 다음과 같다.

답

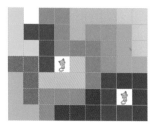

83

풀이

오른쪽 배열판을 반시계 방향으로 90도 회전한 후 두 배열판을 비교한다.

2	5	7
3	6	4
6	8	9

8	5	3
7	?	6
4	2	1

왼쪽 배열판의 1행 1열의 숫자 2와 오른쪽 배열판의 1행 1열의 숫자 8을 더하면 10이다. 계속해서 2행 2열의 숫자를 서로 더하면 10이 되며, 이 규칙은 대응하는 행과 열에 적용할 수 있다.

따라서 6+**?**=10이므로 **?**=4.

답 **4**

84

풀이

국기에 들어간 색상 가짓수로 구분한다. 말레이시아 국기의 구성 색은 4가지 색이며, 나머지 국기의 구성 색은 3가지이다.

답 **말레이시아**

85

풀이

엇각의 쌍이 알파벳에 대응하는 숫자이다.
따라서 Z=1.

답 **1**

86

풀이

연두색의 삼괘를 빨간색, 노란색, 파란색으로 된 괘로 생각하여 푼다. 빨간 괘은 다음 단계에서는 1칸 아래로, 그 다음 단계에서는 노란 괘가 위로 2칸, 그 다음 단계에서는 파란 괘가 위로 3칸, 그 다음에는 빨간 괘가 1칸 아래로, … 와 같은 규칙을 보여준다.

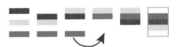

파란 괘가 위로 3칸 이동할 때 빨간 괘를 가리게 되어 보이지 않는다.

〈삼괘의 단계별 이동 그림〉

답

87

풀이

1082는 10=8+2를 적용한다.
따라서 124 ? 에서 4+ ? =12에서 ? =8.

답 **8**

88

크고 작은 하나의 궤도 안에는 검은색 원이 4개씩 있다. 가장 안쪽의 궤도에는 4개의 빈 칸이 있으므로 모두 칠한다.

답

89

풀이

십의 자릿수와 일의 자릿수를 더하면 12, 13, 14, 15, 16, 17, ? 이다. 빈 칸에 알맞은 숫자는 숫자가 계속 커지는 수열에서 볼 때 십의 자릿수가 적어도 9이다. 그리고 더해서 18이 되어야 하므로 99이다.

답 99

90

풀이

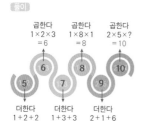

세 숫자를 더하고, 곱하고, 더하고, 곱하고…의 반복으로 이루어진 수열이다. 이러한 반복 규칙을 따르면 1씩 커지는 수열이 된다.

따라서 25 ? 에서 $2 \times 5 \times$? $= 10$에서 ? $= 1$.

답 1

91

답 HOLIDAY

92

풀이

이름 윗쪽의 숫자는 폐곡선의 개수이다. Martin에서 a는 1개의 폐곡선을, Joe는 o와 e에서 2개의 폐곡선을 가지게 된다. 따라서 Edward는 차례대로 철자 d, a, d에서 3개의 폐곡선을 가지게 된다.

답 3

93

풀이

악보의 가운데 3번째 줄에 걸쳐 있는 선분의 개수를 구하면 된다. 따라서 LONG은 G자에 1개만 걸쳐 있으므로 1이다.

답 1

94

문자에서 점의 기호인 • 의 개수이다. 그
러면 문제에서 weitling는 2개의 점의 기
호를 가지므로 **?**= 2이다.

답 2

95

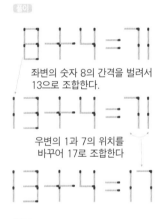

좌변의 숫자 8의 간격을 벌려서
13으로 조합한다.

우변의 1과 7의 위치를
바꾸어 17로 조합한다

답

96

X	S	I	F
N	L	Z	I
A	E	P	N
N	A	D	U

X, Z, E, U를 빼면 스페인(SPAIN)과 핀
란드(FINLAND)를 만들 수 있다.

답 SPAIN, FINLAND

97

점의 크기가 위 아래로 다르다는 것은 원
근법을 의미한다. ②번 도형은 위, 아래
가 같은 원이다.
따라서 ②번은 원근법이 아니다.

답 ②

98

첫 번째 줄 벌들의 숫자 2, 7, 6, 3
은 2+7=6+3이 성립한다. 이 규칙
을 문제에 적용하면 7+7=5+**?**에서
?= 9.

답 9

99

풀이

위의 그림처럼 두 숫자를 더한 값과 두 숫자를 곱한 값은 같다. 따라서 문제에서 $3+7=2\times$ **?** 에서 **?** =5이다.

답 5

100

풀이

$(5+6)+(1+0)=12$

$(1+3)+(1+5)+(1+7)+(3+0)=21$

맨 처음 그림에서 2층에 놓인 구슬과 1층에 놓인 구슬을 보자.

각 층에 놓인 구슬 속 숫자의 자릿수의 합을 구하면 2층은 12, 1층은 21이다. 서로 십의 자릿수와 일의 자릿수가 바뀌는 관계가 된다.

문제에서 2층의 구슬의 자릿수의 합은 $(1+7)+(2+6)+(4+4)=24$이다. 따라서 1층의 구슬의 숫자의 합은 42가 되어야 한다. 1층의 숫자의 합은 $(4+3)+$**?**$+(5+6)+(9+9)=42$에서 **?** 는 각 자릿수의 합이 6이다. 이때 한 가지 주의할 점은 1층의 구슬 숫자와 2층의 구슬 숫자는 왼쪽에서 오른쪽으로 순차적으로 커지게 놓여 있다는 점이다.

따라서 **?** 에 알맞은 숫자는 43보다 크고 56보다 작은 숫자인 51이어야 한다.

답 51

128